Dank Aurora und der Magie des Comics konnte ich den Traum jedes Physikers/ jeder Physikerin verwirklichen, mich einem Schwarzen Loch zu nähern.

Plötzlich verformte sich der Sternenhimmel. Einstein hatte also recht! Alles geriet aus den Fugen. Ich fühlte mich wie auf einem Karussell, das sich immer schneller drehte. Wie gut das tat! Doch etwas zog mich an den Füßen ... Ach ja, oh Schreck, ich hatte vergessen, dass sich die Anziehungskraft des Schwarzen Lochs nahe seinem Horizont über kurze Entfernungen ändert, zum Beispiel zwischen meinem Kopf und meinen Füßen.

Aaaaaaaah !
Ich wurde langgezogen wie eine Spaghetti!

Als ich aufwachte, führte ich die Lektüre dieses bemerkenswerten Comics fort, in dem uns Herji und Jérémie die faszinierenden Entdeckungen der Kosmologie unserer Zeit erklären.

Das 20. Jahrhundert steht für seine wichtigsten Entdeckungen: Die Relativitätstheorie, die Entdeckung der Expansion des Universums und des fossilen Lichts aus der Frühzeit des Universums, die riesigen Schwarzen Löcher im Zentrum der Galaxien und die Gravitationswellen, die aus fernen Kataklysmen stammen.

AB INS UNIVERSUM

EINE REISE DURCH DIE ASTROPHYSIK

Alle Zivilisationen haben sich die Frage über den Ursprung der Welt gestellt. Diese wichtigen Entdeckungen sind Teil der Kultur unserer Zeit.

Aber viele bemerkenswerte und große Fragen bleiben den nächsten Generationen: Was ist die Natur der Dunklen Materie? Warum beschleunigt sich die Expansion des Universums? Wie sieht die Physik der allerersten Augenblicke des Urknalls aus?

Und noch viele mehr ...

Michel Mayor

SKRIPT UND ILLUSTRATIONEN
HERJI

WISSENSCHAFTLICHE MITARBEIT
FRANCFORT

AB INS UNIVERSUM

EINE REISE DURCH DIE ASTROPHYSIK

MIT MICHEL MAYOR

AUS DEM FRANZÖSISCHEN VON
VIKTORIA WENKER

* Das Glossar auf S. 61 informiert über die Definitionen der verwendeten wissenschaftlichen Begriffe.

DIE SCHWARZEN LÖCHER

Ihr erinnert euch, im Jahr 2019 ist es uns endlich gelungen, eines von ihnen zu fotografieren.

Nun, ich weiß, dass ich euch von vorn bis hinten mit Informationen bombardiert habe, also lasst uns einmal tief durchatmen.

MHHHHHH

PUUUUHHHH

Wenn ihr wissen wollt, was diese Schwarzen Löcher wirklich sind, von denen so viel gesprochen wird ...

... oder wie die berühmten Gravitationswellen entstehen ...

Wenn ihr es kaum erwarten könnt, die Wahrheit über den berühmten Urknall zu erfahren ...

... dann schnallt euch an, um eine tolle Entdeckungsreise zu den größten Geheimnissen des Universums zu beginnen!

Ach, entschuldigt, die Raketen sind noch nicht startklar.

Bevor wir uns mit diesen großartigen und fantastischen Themen befassen, müssen wir zuerst über die **Physik** sprechen ...

Und die, die uns jetzt interessieren, sind die Gesetze der **Schwerkraft**.

KAPITEL 1
DIE SCHWERKRAFT
von GALILEI bis EINSTEIN

Diese Gesetze gelten für alles, sind aber vor allem bei sehr großen und sehr schweren Objekten wie Planeten, Sternen oder Galaxien wichtig...

... das heißt, über all die »Spielregeln«, die bestimmen, wie sich Objekte bewegen, verändern, entwickeln und miteinander interagieren.

... man diesen Begriff damals noch nicht benutzte.

Es war Galileo Galilei, der sich als einer der Ersten mit der Schwerkraft eschäftigte, auch wenn ...

UNIVERSALIS

?

Was ist das für ein Lärm da draußen?

Puh, nichts Schlimmes!

Der da unten ist mein Kollege Michel Mayor. Er hat den allerersten Exoplaneten entdeckt.

MiCHEEEL!

MICHEL!

MICHEL!!

MICHEL!!

Seit seinem Nobelpreis 2019 ist er ein echter Star.

Hallo Michel, bist du noch ganz?

AH! Aurora! Rette mich!

MiCHMiiiCH!

Komm mit in mein Labor!

Das hätten wir geschafft!

BOM! BOM! BOM! BOM!

Diese Geschichte scheint sich WIRKLICH rumzusprechen! Jetzt gibt es sogar Leute, die einen Comic mit mir machen wollen!

Ich habe das Gefühl, dass deine Fans nicht lockerlassen werden ... Ich wollte gerade zu Galilei, kommst du mit?

Galilei?

BOM! BOM BOM! BOM BOM!

Ja, ich habe eben erst angefangen, ihnen von den Gesetzen der Schwerkraft zu erzählen...

Aah super, hallo alle zusammen!

Also, ich komme gerne mit!

Aber ich gebe keine Autogramme, o.k.?

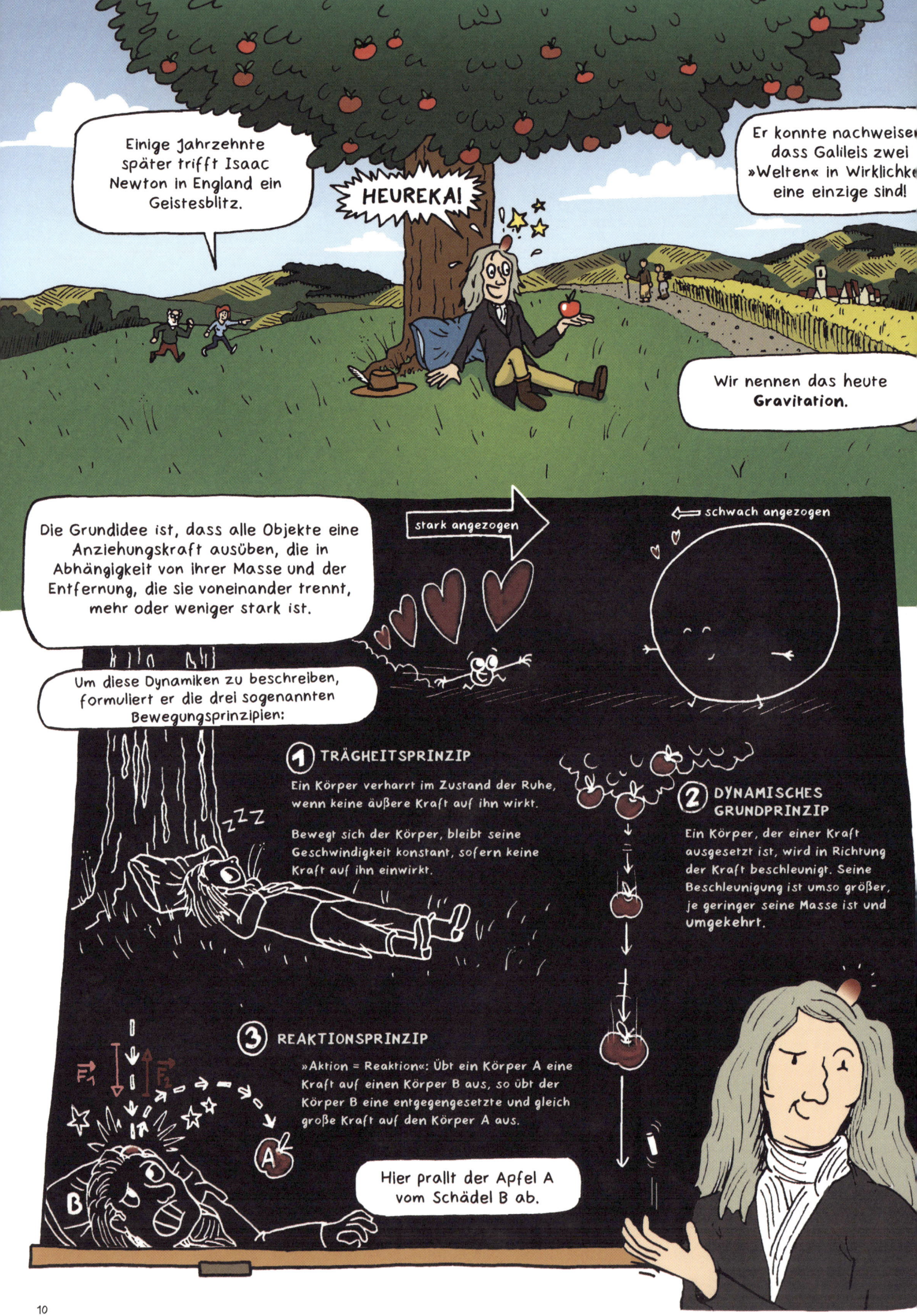

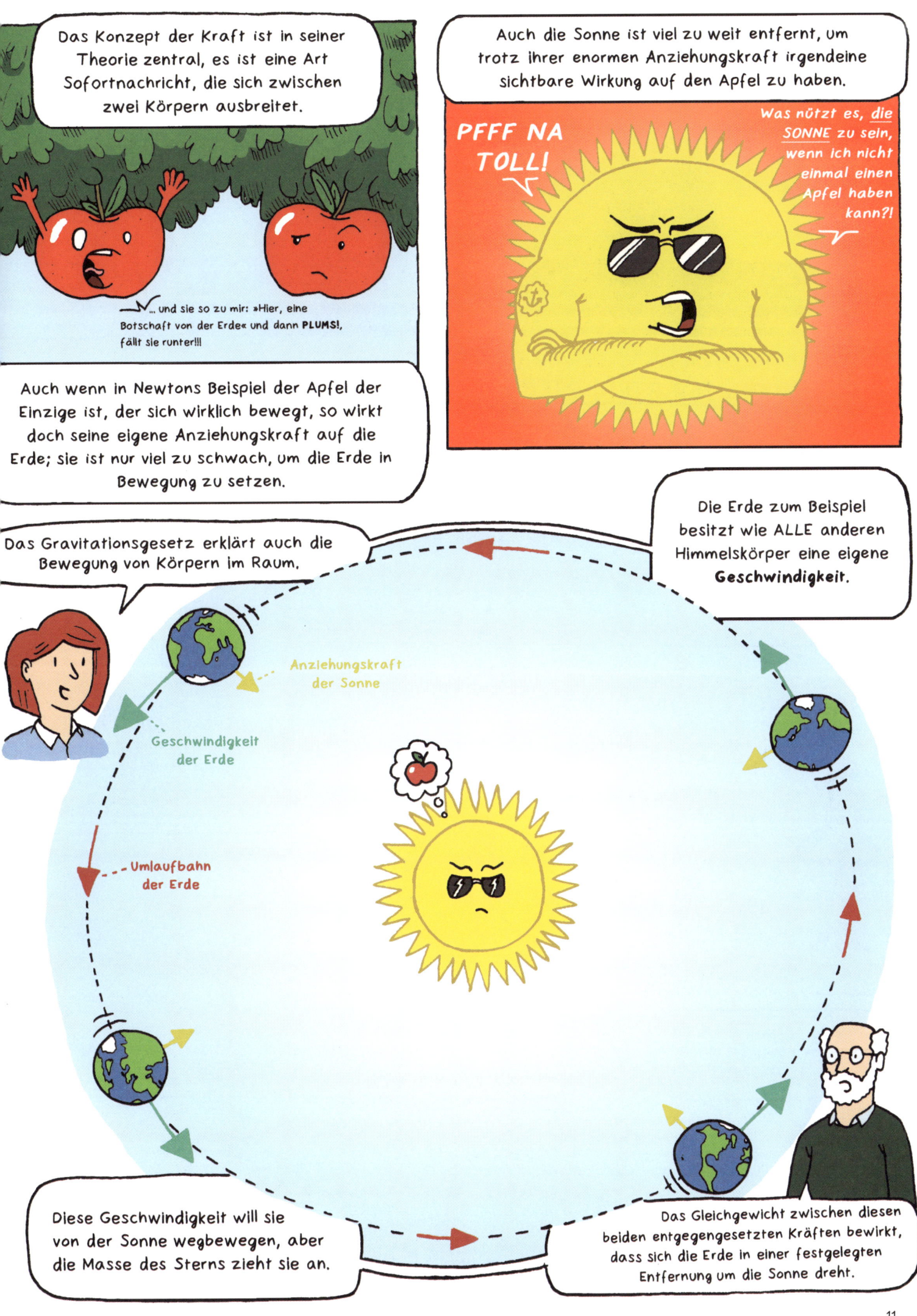

Das Konzept der Kraft ist in seiner Theorie zentral, es ist eine Art Sofortnachricht, die sich zwischen zwei Körpern ausbreitet.

Auch die Sonne ist viel zu weit entfernt, um trotz ihrer enormen Anziehungskraft irgendeine sichtbare Wirkung auf den Apfel zu haben.

PFFF NA TOLL!

Was nützt es, die SONNE zu sein, wenn ich nicht einmal einen Apfel haben kann?!

... und sie so zu mir: »Hier, eine Botschaft von der Erde« und dann PLUMS!, fällt sie runter!!!

Auch wenn in Newtons Beispiel der Apfel der Einzige ist, der sich wirklich bewegt, so wirkt doch seine eigene Anziehungskraft auf die Erde; sie ist nur viel zu schwach, um die Erde in Bewegung zu setzen.

Das Gravitationsgesetz erklärt auch die Bewegung von Körpern im Raum.

Die Erde zum Beispiel besitzt wie ALLE anderen Himmelskörper eine eigene Geschwindigkeit.

Anziehungskraft der Sonne

Geschwindigkeit der Erde

Umlaufbahn der Erde

Diese Geschwindigkeit will sie von der Sonne wegbewegen, aber die Masse des Sterns zieht sie an.

Das Gleichgewicht zwischen diesen beiden entgegengesetzten Kräften bewirkt, dass sich die Erde in einer festgelegten Entfernung um die Sonne dreht.

Er war nicht davon überzeugt, dass die Anziehungskraft eine »Sofortnachricht« wäre, die zwischen zwei Objekten ausgetauscht wird, so wie Newton es vorschlug.

Dies würde bedeuten, dass die Umgebung eines plötzlich erscheinenden Sterns *sofort* dessen Anwesenheit spürt.

WWOUFF!!

HALLI HALLO, ICH BIN DO!

Gibt's noch Kaffee?

Okay, wenn ich hier rauche?

Ich hoffe, ich störe nicht, haha!

Der junge Physiker hingegen glaubte, dass die Kräfte zwar mit sehr hoher Geschwindigkeit wirken, aber nicht sofort.

Er setzte damit eine eite **Revolution** in Gang nd stellte die Art und ise, wie die Gravitation esehen wird, auf den Kopf.

Im Jahr 1915 glaubte man, dass sich die Objekte in einem Raum bewegen, der selbst fest und unveränderlich ist, eine Bühne, auf der sich die Schauspieler bewegen, die aber selbst nicht Teil des Stücks ist.

Es gelang ihm zu zeigen, dass Raum und Zeit zwei Dinge sind, die sich selbst weiterentwickeln und von Objekten beeinflusst werden können.

Er führt einen neuen Darsteller, oder besser gesagt, einen neuen Schauplatz ein: die **RAUMZEIT.**

Aus diesem Konzept entstand seine berühmte These der **ALLGEMEINEN RELATIVITÄTSTHEORIE.**

Ihr habt es bestimmt schon erraten: Dieser revolutionäre Physiker ist Albert Einstein!

Mit dieser neuen Theorie ändert sich der Status der Schwerkraft. Sie ist nicht mehr eine anziehende Kraft zwischen zwei Objekten...

... sondern lediglich die Wirkung der Verformung* der Raumzeit durch ein Objekt, das von einem anderen Objekt wahrgenommen wird.

Lassen wir uns das vom Experten Albert selbst erklären!

hem hem

Danke

Stellen wir uns das Universum als riesiges Strandtuch vor, das auf dem Sand ausgebreitet ist.

?!

Darauf sind Boule-Kugeln unterschiedlicher Größe (die Himmelskörper) verteilt, die das Tuch, je nach ihrer Masse, mehr oder weniger verformen.

*der richtige physikalische Ausdruck ist »Krümmung« der Raumze

Die einzige Variable, die die Flugbahn von Objekten beeinflusst, ist die lokale Struktur der Raumzeit.

Wenn ein Apfel zu Boden fällt, liegt das daran, dass die Masse der Erde die Raumzeit ausreichend verformt, um ihm seine Flugbahn zu geben.

Einstein beweist auch, dass sich diese Verformungen nicht sofort ausbreiten, wie Newton dachte ...

... sondern vielmehr mit der maximal zulässigen Geschwindigkeit im Universum, nämlich 299.792 Kilometer pro Sekunde – etwa 1.080.000.000 km/h!

Diese Grenzgeschwindigkeit entspricht der Lichtgeschwindigkeit. Sie wurde schon gemessen, lange bevor man anfing, von der Raumzeit zu sprechen.

Daher trägt sie auch die willkürliche Bezeichnung »Lichtgeschwindigkeit«.

Wir wissen nicht, warum sie genau diesen festen Wert hat, aber wie es aussieht, kann sie definitiv nicht überschritten werden!

Sonst würden wir vielleicht schneller braun werden ...

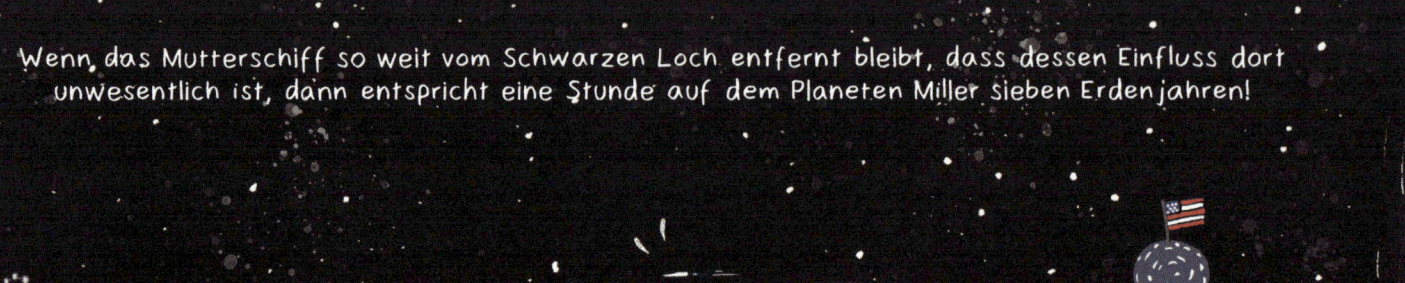

Wenn das Mutterschiff so weit vom Schwarzen Loch entfernt bleibt, dass dessen Einfluss dort unwesentlich ist, dann entspricht eine Stunde auf dem Planeten Miller sieben Erdenjahren!

DAAAMN, FO'REAL?!?

Als der Held nach einigen Stunden zurückkehrt, wartet sein Teamkollege seit über 23 Jahren auf ihn ...

WHAT THE BLOODY FREAKIN' HELL HAPPENED HERE?!

KROUIK!

Ich hab' nicht aufgeräumt, seit du weg warst,

und Liechtenstein hat die letzte Weltmeisterschaft gewonnen.

Würde man unseren Helden hingegen ein Jahr lang auf den Merkur schicken – den Planeten, der der Sonne am nächsten ist –, würde er nur eine Sekunde weniger altern als die Menschen auf der Erde!

3...2...1...

FROHES NEUES JAHR!

FROHES NOYES!!

Der Effekt ist unwesentlich, da die Masse der Sonne zu gering ist, um die Zeit spürbar zu dehnen.

Aber Vorsicht! Man darf sich nicht vorstellen, dass man dort, wo die Zeit gedehnt wird, »in Zeitlupe« lebt.

Auf Miller bemerkt der Held nichts, die Zeit vergeht für ihn wie gewohnt.

♪ SWEET HOME ALABAMA ♪

Es gibt weder »Referenzzeit«, Originalzeit noch andere geänderte Zeiten!

Wenn man sagt, dass die Zeit gedehnt wird, bedeutet das immer, **im Vergleich** zu einem anderen Ort.

Gut

Wir kommen zum Ende dieses ersten Kapitels.

KAPITEL II

KOSMOLOGIE

URKNALL

UND CMB

Bevor wir in die Tiefen des Kosmos eintauchen, definieren wir doch zuerst den Begriff Kosmologie.

Die Kosmologie ist das Studium des Universums **als eines Ganzen**, das heißt über die Strukturen hinaus, die man normalerweise kennt:

die Sterne

die Planeten

die Sonnensysteme

die Galaxien ...

Sozusagen die Erforschung des Universums im größtmöglichen Maßstab!

Das bedeutet, dass man versucht, seine Geschichte zu verstehen ...

Seine aktuelle Funktion ...

Warum weitet es sich aus?

... und seine zukünftige Entwicklung:

Wie ist es »entstanden«? Wie hat es sich seitdem entwickelt?

Warum sind die Galaxien so und nicht anders verteilt?

Wird es eines Tages »sterben«?

Um diese Fragen zu beantworten, gibt uns Einsteins Allgemeine Relativitätstheorie einen allgemeinen Rahmen vor: Es gibt eine Raumzeit, die sich durch die Anwesenheit von Materie* verformt.

oder Energie

Um aber daraus nützliche Erkenntnisse ziehen zu können, muss man diese Verformungen auch empirisch beobachten können.

Wenn es uns gelingt, die Verformung um ein Himmelsobjekt herum zu berechnen, können wir verstehen, wie sich andere Objekte verhalten, wenn sie sich ihm nähern.

ie Allgemeine Relativitätstheorie, o innovativ sie auch sein mag, at aber eine große chwachstelle: die berühmten Feldgleichungen«. Die einzige echenmethode, mit der wir die erformung der Raumzeit estimmen können, sind xtrem schwer zu lösen.

In der Praxis geht es darum, gleichzeitig und für jede gegebene Situation einen Satz von 10 Gleichungen zu lösen, um die »Metrik« zu bestimmen, die die Verformung der Raumzeit enthält.

Die Einsteinschen Feldgleichungen lösen und die Werte einer Metrik für eine bestimmte Situation finden

... zum Beispiel die Umgebung eines Schwarzen Lochs

... bedeutet, die Verformung der Raumzeit vorhersagen zu können, die für diese Situation gelten, unabhängig davon, um welchen Ort oder um welche Zeit es geht.

Aus kosmologischen Beobachtungen wissen wir, dass **das Universum, im Ganzen betrachtet, homogen ist,** das heißt, dass die Materie gleichmäßig verteilt ist.

Das klingt überraschend, denn unsere Augen sagen uns etwas anderes: Unser Nachthimmel besteht aus kleinen Lichtpunkten, die durch gigantische Entfernungen voneinander getrennt sind.

Selbst wenn wir so weit »rauszoomen« würden, bis unser gesamtes Sonnensystem in einen Tischtennisball passen würde ...

... wäre das uns am nächsten stehende Sonnensystem 250 Meter entfernt! Das wirkt nicht sehr homogen.

Wir müssen wohl noch weiter herauszoomen: weiter und immer weiter, bis 100 Millionen Galaxien zu sehen sind. In dieser Größenordnung beginnt das Universum tatsächlich homogen zu werden.

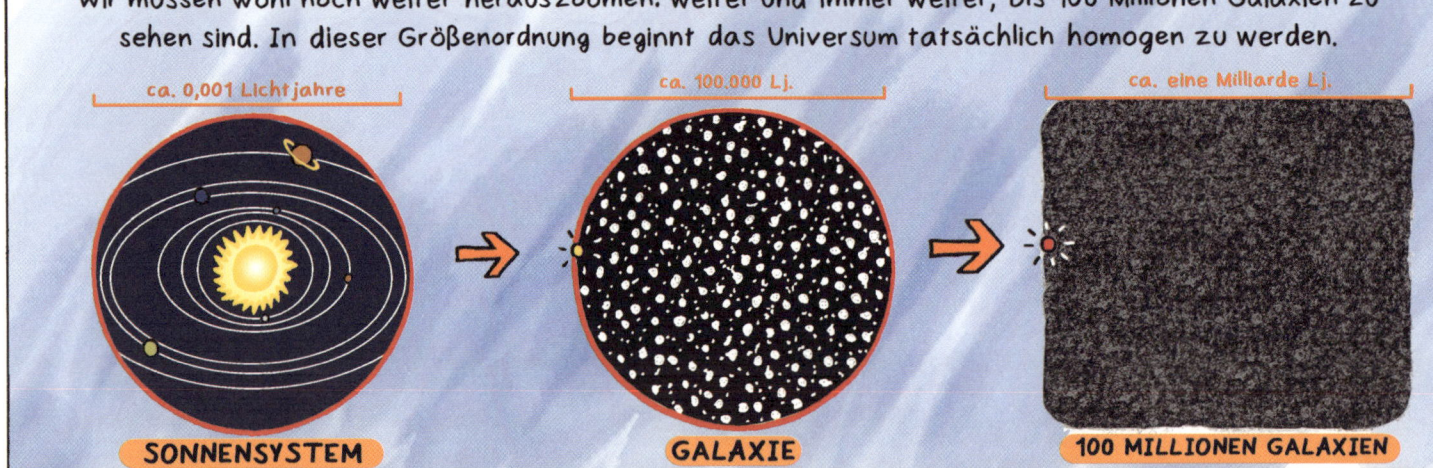

ca. 0,001 Lichtjahre — ca. 100.000 Lj. — ca. eine Milliarde Lj.

SONNENSYSTEM — GALAXIE — 100 MILLIONEN GALAXIEN

Die Annahme, dass die Materie im Universum gleichmäßig verteilt ist, vereinfacht den Umgang mit den Einsteinschen Feldgleichungen enorm!

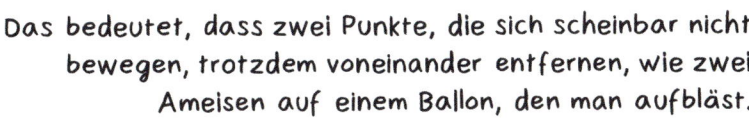

Die vier Mitwirkenden der FRLW-Lösung nutzen diese Vereinfachung, um Einsteins Feldgleichungen zu lösen, und kommen so zu dem Schluss, dass sich das Universum **ausdehnt**.

Das bedeutet, dass zwei Punkte, die sich scheinbar nicht bewegen, trotzdem voneinander entfernen, wie zwei Ameisen auf einem Ballon, den man aufbläst.

Der grundlegende Unterschied zwischen einem Ballon und dem Universum besteht darin, dass Letzteres nach unserem heutigen Wissensstand unendlich ist: Es gibt kein »nichts«, in das es sich aufblähen kann.

NICHTS NICHTS NICHTS
NICHTS NICHTS NICHTS
NICHTS UNIVERSUM
NICHTS
NICHTS NICHTS
NICHTS
NICHTS IMMER NICHTS
NICHTS NICHTS NICHTS

Dies sind also die Grundlagen des Standardmodells der Kosmologie:

Ein homogenes und sich ausdehnendes Universum, in dem die enthaltene Materie sich allmählich ausdünnt.

Man kann sich also fragen, was passieren würde, wenn man die Zeit zurückdrehen würde ...

Rein gefühlsmäßig stellt man sich vor, dass das Universum zu einem bestimmten Zeitpunkt eine Größe von 0 gehabt haben müsste.

Das ist nichts anderes als die berühmte **URKNALL**-Theorie!

Im Gegensatz zu dem, was die Bezeichnung »Urknall« vermuten lässt, handelt es sich keineswegs um irgendeine Explosion. Kosmologen sprechen lieber von einem »Big Start«.

Es gab keine riesige »Materiebombe«, die brav darauf wartete, das Universum zu erschaffen.

Es gab nichts, nicht einmal ein einziges Atom,
REIN GAR NICHTS.

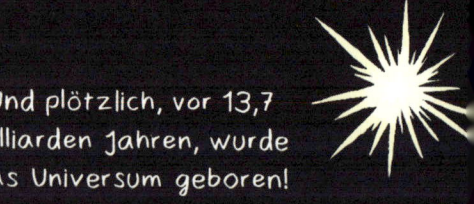

Und plötzlich, vor 13,7 Milliarden Jahren, wurde das Universum geboren!

Was?! Es ist einfach... aufgetaucht?!?

Wir wissen einfach NICHTS DARÜBER, was passiert ist!

Überhaupt nichts??

REIN. GAR. NICHTS.

NICHTS.

Aber jetzt wirklich NICHTS?!

NADA, O.K.?!

[Vor] dem Urknall soll es ein früheres [U]niversum gegeben haben, das in [si]ch zusammenstürzte und einfach [»]zurückprallte«, um unser Universum zu bilden.

[D]iese Theorie erscheint uns heute [se]hr unwahrscheinlich und wird nicht mehr in Betracht gezogen.

Ausdehnung

URKNALL

T-3 T-2 T-1 T T+1 T+2 T+3 T+4

Zeit

Hingegen ist die am glaubwürdigsten erscheindende Vorhersage, was die Zukunft anbelangt, das sogenannte »De-Sitter«-Modell.

Es beschreibt ein Universum, dessen Expansion sich ständig beschleunigt.

URKNALL

T T+5 T+10 T+15

Zeit

Ausdehnung

Einige sprechen sogar vom »BIG RIP« (»Großes Zerreißen«).

Wenn die Kräfte durch die Expansion die inneren Kräfte der Sonnensysteme übertreffen, werden diese schließlich »zerrissen«.

Das ist vorerst noch Spekulation.

Boah, echt badass!

Kommen wir zurück zum Urknall ...

Von hier an verstehen wir ziemlich gut, was passiert ist.

Die Materie des neugeborenen Universums besteht jetzt nur aus wenigen Elementarteilchen:

den ELEKTRONEN ...

... den PHOTONEN (Licht)

... und vielen Kleinteilen: unter anderem den QUARKS.

Das waren anfangs die Zutaten des Universums!

ELEC' 3000

1 2 3

Man spricht von »elementaren« Teilchen, weil sie die Bausteine aller anderen sind:

| QUARKS + ELEKTRONEN | PROTONEN NEUTRONEN + ELEKTRONEN | ATOME | MOLEKÜLE | MATERIE |

Die Quarks formen Protonen und Neutronen, die zusammen mit den Elektronen die Atome bilden.
Letztere verbinden sich zu Molekülen und die Moleküle bilden die Materie, wie wir sie kennen.

Kurzum, zu diesem Zeitpunkt ist das Universum nichts anderes als eine extrem dichte Suppe aus Elementarteilchen.

All diese Teilchen sind extrem nah beieinander, obwohl sie sich extrem schnell bewegen ...

Sie stoßen zwangsläufig immer wieder zusammen!

SCHLINGEL!

RÜPEL!

TÖLPEL!

FLEGEL!

TROTTEL!

BLÖDMANN!

WO HAST DENN DU DEINEN FÜHRERSCHEIN GEMACHT?!

Eine hohe Geschwindigkeit bedeutet auch eine hohe Temperatur.

Wir haben also eine »Ursuppe«, die sehr, sehr, sehr heiß ist, so heiß, dass in genau diesem Moment Materie und Energie praktisch ein und dasselbe sind!

Da sich das Universum immer weiter ausdehnt, haben die Teilchen immer mehr Raum, um sich zu bewegen: Die Temperatur sinkt und damit auch ihre Energie.

Es treten viele verschiedene Phänomene auf, also konzentrieren wir uns auf die beiden wichtigsten.

Beim ersten verbinden sich immer drei Quarks und bilden unzerstörbare Protonen und Neutronen...

... danach kann jedes Proton ein Elektron »einfangen« und wird von ihm umkreist.

Zusammen bilden sie die ersten Exemplare des einfachsten Atoms, **Wasserstoff**.

In dieser Ursuppe geschieht dies jedes Mal, wenn ein Proton auf ein Elektron trifft.

Protonen und Elektronen sind somit dazu verurteilt, allein umherzugehen, ohne sich dauerhaft zusammenschließen zu können.

Das Problem ist, dass diese Atome sehr kurzlebig sind, da Photonen auf die Wasserstoffatome stoßen und sie zerbrechen. Die gerade neu gebildeten überleben nur für kurze Zeit.

0,00001 Sekunden, neuer Rekord!

Wir dürfen nicht vergessen, dass zu diesem Zeitpunkt nur **eine einzige Sekunde** vergangen ist, seitdem das Universum entstand!

Es hat bereits einen Durchmesser von **100 Milliarden** Kilometern ...

... während seine Temperatur **10 Milliarden** Grad Celsius beträgt.

Das zweite zu berücksichtigende Phänomen ist die Streuung von Photonen an freien Elektronen.

BOING!

Die Photonen stoßen mit den Elektronen zusammen, wodurch sich ihre Flugbahnen ändern.

Die Elektronen bilden so eine Art Nebel, der verhindert, dass sich die Photonen, das Licht, frei ausbreiten können.

BOING!
BOING!
BOING!

Das Universum bleibt also völlig undurchsichtig.

Wenn sich das Universum ausdehnt, nimmt seine Temperatur weiter ab, und die Photonen haben immer weniger Energie.

Gott, ist das kalt …

Ich würde gern ein Nickerchen machen!

Es kommt also ein Punkt, an dem sie nicht mehr genu[g] Energie haben, um die Elektronen aus de[n] Wasserstoffatomen herauszubrechen[.]

… die von nun an intakt bleiben!

Die freien Elektronen werden also immer seltener und das Universum wird immer durchsichtiger, das heißt, die Photonen werden nicht mehr abgelenkt.

Endlich können sie sich über weite Strecken geradeaus bewegen, als würde sich plötzlich der Nebel lichten.

380.000 Jahre nach d[em] Urknall breitet sich das Li[cht] ungehindert im gan[zen] Universum [aus]

AAAH[!] ENDLIC[H!]

Sonnen-creme, Mützen, Brillen!

Vereinfacht gesagt: Aufgrund der Ausdehnung des Universums werden Photonen kontinuierlich gedehnt.

Wie wir bei Einstein gesehen haben, wird ein Körper von der Verformung (hier: die Expansion) der Raumzeit, durch die er sich bewegt, beeinflusst.

Ein Photon muss tatsächlich »den Preis zahlen« für seine Reise durch das Universum: Es wird extrem langsam gedehnt und verliert Energie.

Der Fachbegriff, um diesen Prozesses zahlenmäßig wiederzugeben, lautet »redshift« oder »Rotverschiebung«. Das liegt daran, dass wir Lichtphotonen auf einer Skala von blau bis rot, von energiereich bis energiearm wahrnehmen.

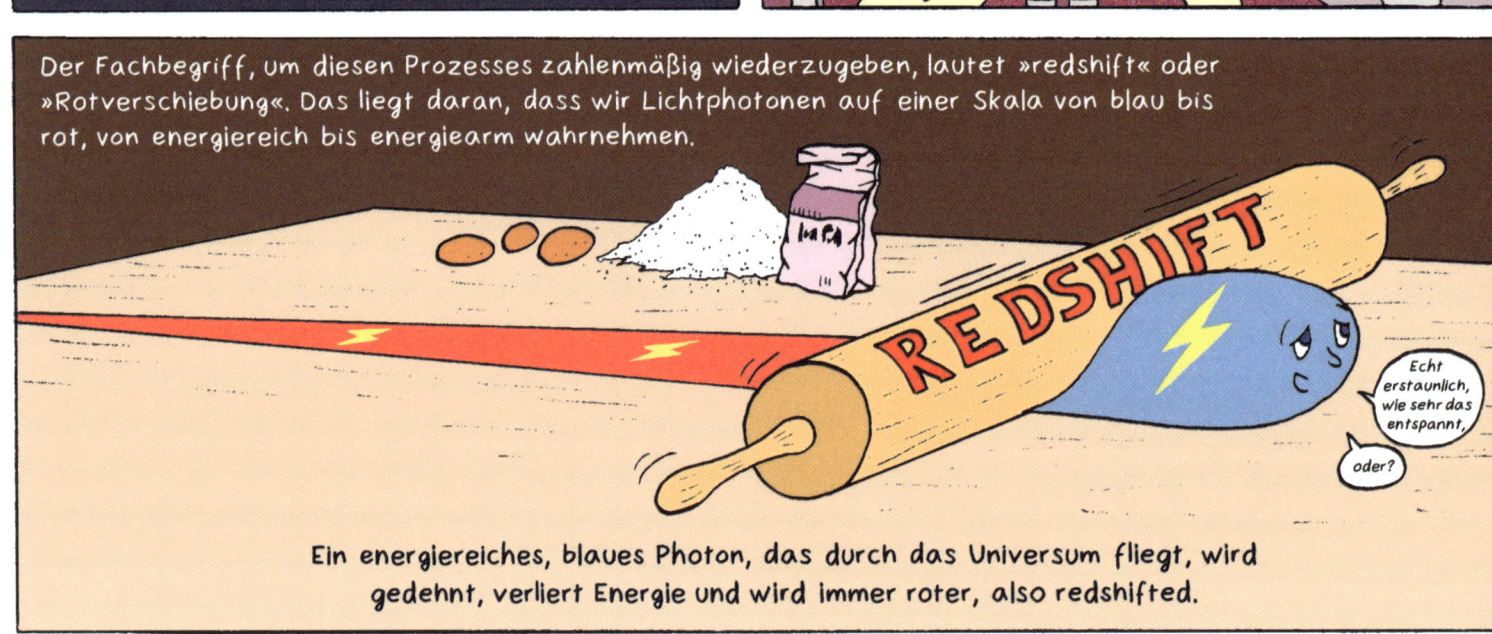

Ein energiereiches, blaues Photon, das durch das Universum fliegt, wird gedehnt, verliert Energie und wird immer roter, also redshifted.

Die Existenz der CMB ist im Standardmodell von FRLW theoretisch vorhergesagt worden.

Mit Kenntnis des Zeitpunkts, zu dem sich der Nebel vor dem CMB gelichtet hat, sowie der ursprünglichen Energie der Strahlung...

... kann man das Energieniveau ableiten, das es haben sollte, nachdem es 13,4 Milliarden Jahre lang der Rotverschiebung ausgesetzt war:

Diese Vorhersage ergibt sich direkt aus einer Beobachtung im Zusammenhang mit der Rotverschiebung.

1100-mal schwächer als am Anfang!

Dies impliziert, dass es sich nicht einmal mehr um sichtbares Licht handelt, sondern, wie der Name CMB schon sagt, um Mikrowellen!

COSMIC
MICROWAVE
BACKGROUND

Die Vorhersage lautet daher wie folgt:

Wenn das Standardmodell und die FRLW-Lösung korrekt sind,

sollten wir eigentlich diese »ursprünglichen« Photonen nachweisen können. Sie tauchten vor allen anderen* auf und reisen heute noch durch das Universum.

*Photonen, die von Sternen ausgestrahlt werden, sind nicht Teil der CMB.

Aber wie hat man diese Photonen nachgewiesen, und vor allem, was nützt uns das?

Es dauerte mehrere Jahrzehnte, bis die Theorie ausgereift und verfeinert wurde. Schließlich entdeckten Penzias und Wilson 1964 eine Strahlung, die aus allen Richtungen am Himmel empfangen wurde und den Vorhersagen ähnelte.

Zunächst hielten sie diese Strahlung für ein »Störgeräusch«, das durch Vogelkot auf der Antenne verursacht wurde!

Nach der Reinigung war das »Störgeräusch« aber immer noch da und sie beschlossen, es ernst zu nehmen.

Sie entdeckten, dass die Eigenschaften dieser Strahlung mit den theoretischen Vorhersagen der CMB übereinstimmten.

Dies war die experimentelle Entdeckung des CMB, der ältesten elektromagnetischen Aufnahme, die man vom Universum erhalten kann!

ld: ESA-Planck (2013)

Durch sie haben wir endlich die Gewissheit, dass die FRLW-Lösung stimmt und sich das Universum tatsächlich ausdehnt.

Спасибо! THANKS

MERCI !

THANK YOU !

Letzteres kann auch durch die Beobachtung der Sterne überprüft werden.

Wenn es nämlich gelingt, die chemische Zusammensetzung eines Sterns zu bestimmen, kann man daraus ableiten, welche Art von Photonen er aussendet.

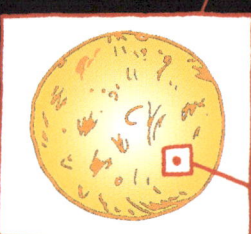

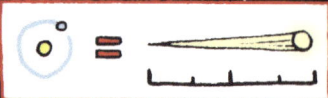

URSPRÜNGLICHE PHOTONEN:

redshift

EMPFANGENE PHOTONEN:

Man kann dann die Wellenlänge der von diesem Stern empfangenen Photonen mit ihrer ursprünglichen Wellenlänge vergleichen und die Wirkung der Rotverschiebung messen.

Wenn man schließlich unsere Entfernung zu diesem Stern berechnet, stellt man fest, dass die Rotverschiebung mit der Entfernung zunimmt, was die Ausdehnung des Universums beweist.

Mit der gleichen Methode kann auch **die Expansionsgeschwindigkeit** des Universums bestimmt werden.

Zum Beispiel würde uns die Ausdehnung mit einer Geschwindigkeit von ungefähr 60 km/s* von der 2,5 Millionen Lichtjahre entfernten Nachbargalaxie Andromeda forttreiben.

Je weiter die Objekte voneinander entfernt sind, desto höher ist die Expansions geschwindigkeit.

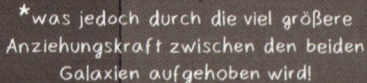

*was jedoch durch die viel größere Anziehungskraft zwischen den beiden Galaxien aufgehoben wird!

Zu Beginn des 20. Jahrhunderts entdeckte Henrietta Swan Leavitt, dass man die Leuchtkraft eines Cepheiden durch Beobachtung seiner Pulsationsgeschwindigkeit ermitteln kann.

Später zeigte sie, dass man die Entfernung des Sterns schätzen kann, indem man Leuchtkraft und scheinbare Helligkeit vergleicht.

So ermöglichte Leavitt die genaue Berechnung von Entfernungen in der Größenordnung von 10 Millionen Lichtjahren -

... eine intergalaktische Dimension!

Ihre Arbeit bildete auch die Grundlage für die heutigen Berechnungsmethoden, mit denen Galaxien vermessen werden können, die mehr als ... 30 Milliarden Lichtjahre entfernt sind!

Henrietta Swan Leavitt

Aaaah ... Ich erhebe mein Glas auf Ihre Majestät Henrietta Swan Leavitt!

Ich habe eine Frage!

All diese Entdeckungen, der CMB des Universums und so weiter, wissen wir deshalb genau, was im Universum ist?!

Nein, und der CMB ist nur eine elektromagnetische Aufnahme!

Man sieht nur die ursprünglichen Photonen.

Denk immer daran, dass wir hier nur vom **beobachtbaren** Universum sprechen.

Wir wissen nicht, ob das Universum endlich ist oder nicht. Wenn es unendlich ist, sind es diese Zahlen zweifel- sohne auch!

Aber die Zeit ist es leider nicht. An die Arbeit!

Äh ... wovon sprecht ihr jetzt genau?

Wir haben uns das Beste für den Schluss aufbewahrt ...

die MONSTER des Kosmos!

Die VIPS der Sci-Fi!

Die absoluten Rockstars der Kosmologie ...

DIE SCHWARZEN LÖCHER

Owiiii!

KAPITEL 3

Also, was ist ein Schwarzes Loch?

Formal gesehen ist es eine Lösung der Einstein-Gleichungen, die sogenannte »Schwarzschild-Lösung«, die bereits erwähnt wurde.

HEUREKA!

Im Jahr 1916, kurz nach der Veröffentlichung von Einsteins allgemeiner Relativitätstheorie, fand Karl Schwarzschild die erste exakte Lösung der Gleichungen ..

... und das während er in der deutschen Armee diente, mitten in den Schützengräben des Ersten Weltkriegs!

HEUREKA!

Ein Jahr später stirbt er an einer seltenen Hautkrankheit!

Welche Schmach!

urzum.

Betrachten wir den Fall eines Sterns, dessen Masse ausreicht, um die Raumzeit deutlich zu verformen.

Die Schwarzschild-Lösung kann die von diesem Stern verursachte Verformung der Raumzeit exakt vorhersagen*.

Ich möchte **betonen**: Dies ist einer der seltenen Fälle, in denen die gefundene Lösung mathematisch exakt ist.

= ✕

*sowie die Veränderung der Bahn von Objekten, die sich in der Nähe bewegen

Diese Vorhersagen konnten einige Jahre nach den Arbeiten von Schwarzschild bestätigt werden.

Aaah!

Es ist noch nicht zu früh!

Dies war ein sehr guter »Startschuss« für Einsteins Theorie, die dadurch weltberühmt wurde!

Hier interessiert uns die Schwarzschild-Lösung aber vor allem wegen ihres anderen Nutzens:

Wenn wir die Masse eines Objekts kennen, können wir daraus seinen »Schwarzschild-Radius« berechnen.

Dieser Begriff beschreibt einen von der Masse abhängigen Radius. Befindet sich ein Stern ganz innerhalb dieses Radius, kann nichts mehr aus seinem Gravitationsfeld entweichen.

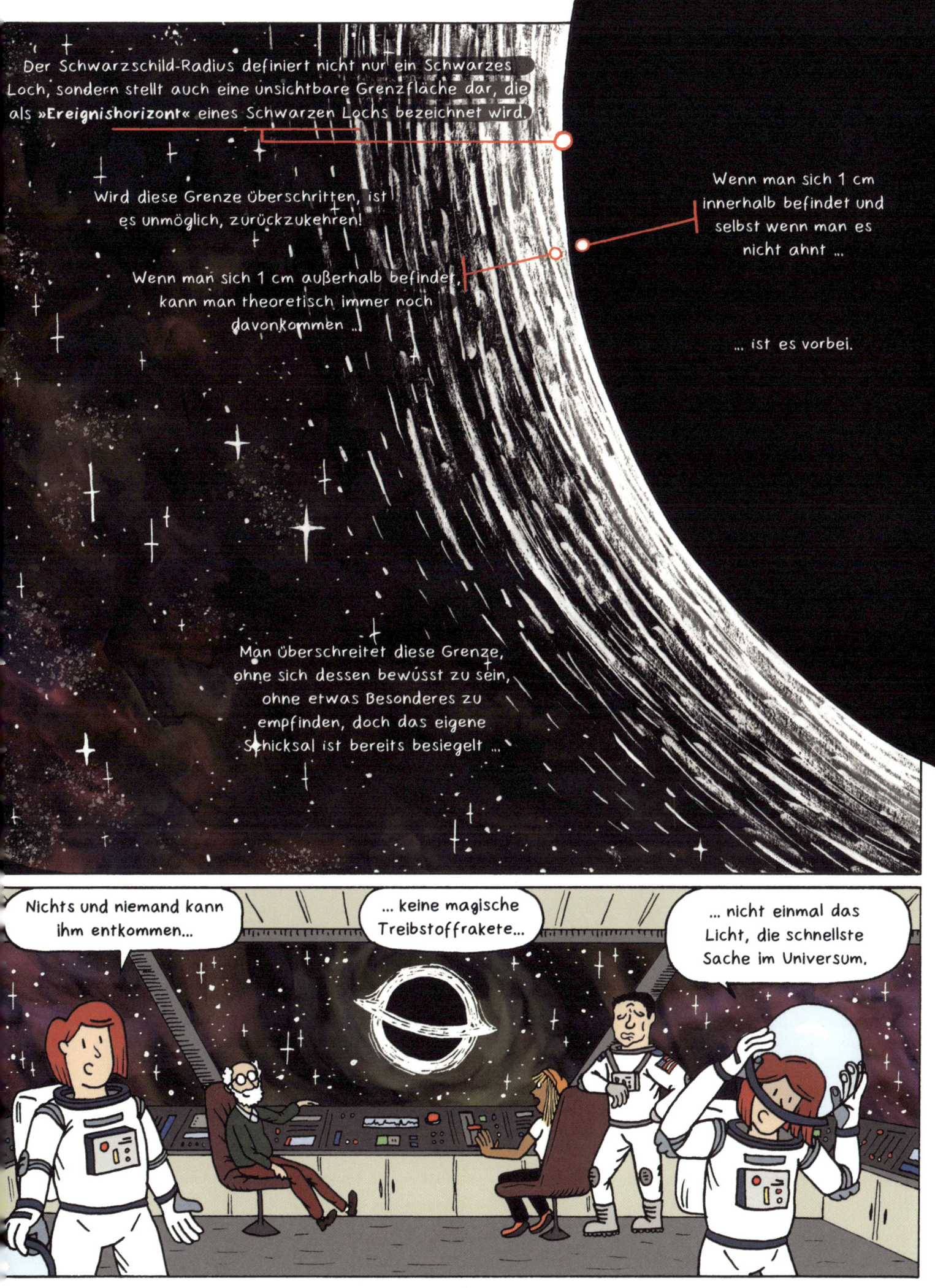

Daher auch die Bezeichnung SCHWARZES Loch: Kein Lichtpartikel schafft es, ihm zu entkommen!

Aus diesem Grund kann man keine Informationen über Schwarze Löcher erhalten und niemand weiß, wie sie wirklich aussehen.

Und auch nicht, was dort passiert.

Wenn man sich ein Schwarzes Loch ansieht, ist eigentlich nur sein Ereignishorizont zu sehen.

Die helle Scheibe wird von heißer Materie gebildet, die mit rasender Geschwindigkeit um das Schwarze Loch herumwirbelt, bevor sie verschluckt wird.

Aber was passiert, wenn man in ein Schwarzes Loch fällt?

Wir können nicht wirklich wissen, wie das wäre.

Aufgrund der extremen Verzerrung der Raumzeit, die durch die Dichte des Schwarzen Lochs verursacht wird, würde unsere Wahrnehmung von Zeitspannen und Entfernungen wahrscheinlich völlig auf den Kopf gestellt.

Wir würden sehen, wie sich die Zukunft des Universums vor unseren Augen immer schneller entfaltet

Was danach geschieht, ist hypothetisch.

während sich unsere Silhouette, von außen betrachtet, wie in Zeitlupe zu entfernen scheint...

Der Tod ist natürlich unvermeidlich, aber man weiß nicht, wann er eintritt.

Er könnte direkt hinter dem Ereignishorizont oder sogar davor auf uns warten und sofort zuschlagen

... bevor sie langsam verschwindet.

KOMM SCHON!

... oder aber das Vergnügen auf eine, sagen wir, einzigartige Weise in die Länge ziehen.

TAP TAP

Nehmen wir als Beispiel das riesige Schwarze Loch im Zentrum unserer Galaxie.*

GEWICHT: 4 Millionen Sonnenmassen

SCHWARZSCHILD-RADIUS: 10 Millionen km

*Die meisten Galaxien umkreisen ein großes Schwarzes Loch

Ein Astronaut, der an seiner Grenze ankommt, würde eine Kraft spüren, die einem wenige Gramm schweren Objekt ähnelt, das an seinen Füßen hängt.

Also so gut wie nichts.

Diese Kraft nimmt jedoch unaufhaltsam zu und erreicht 100'000 km vom Zentrum des Schwarzen Lochs entfernt bereits 100 kg.

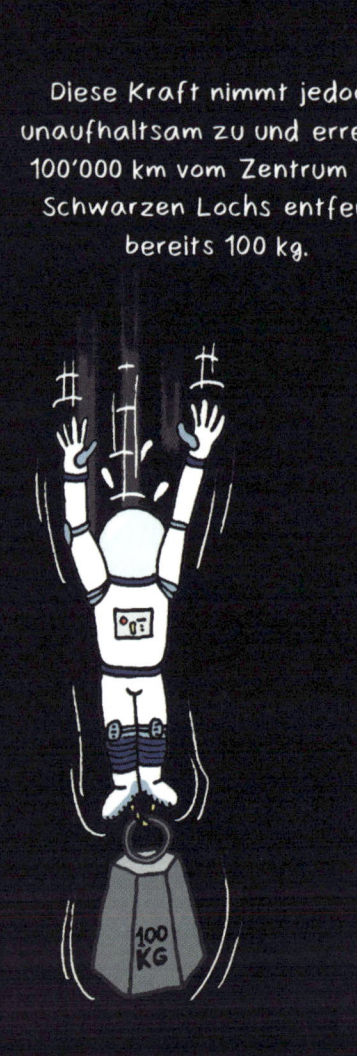

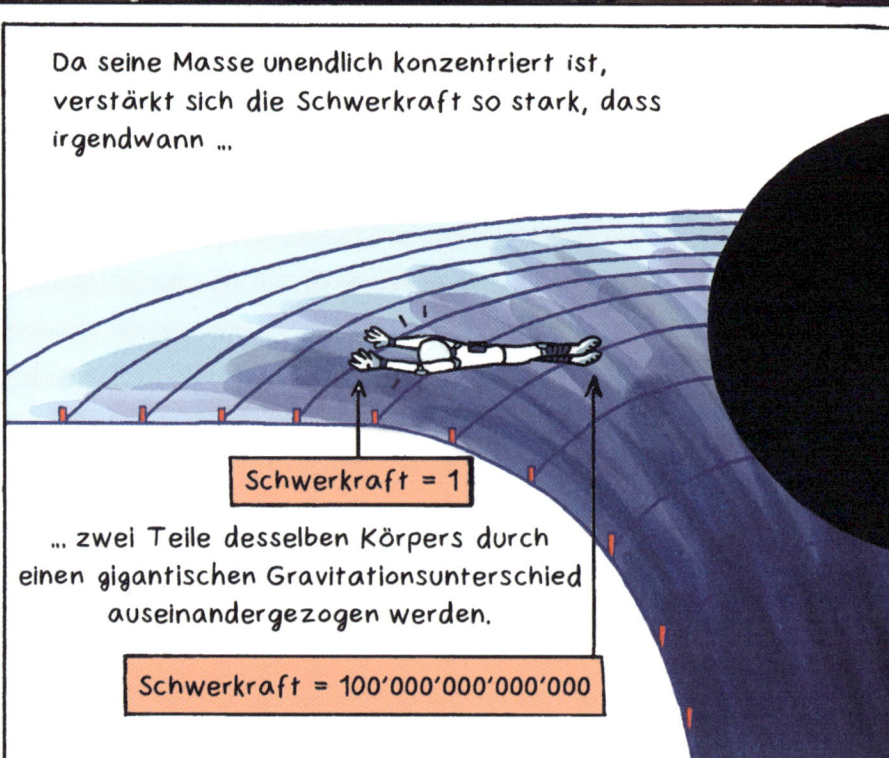

Da seine Masse unendlich konzentriert ist, verstärkt sich die Schwerkraft so stark, dass irgendwann ...

Schwerkraft = 1

... zwei Teile desselben Körpers durch einen gigantischen Gravitationsunterschied auseinandergezogen werden.

Schwerkraft = 100'000'000'000'000

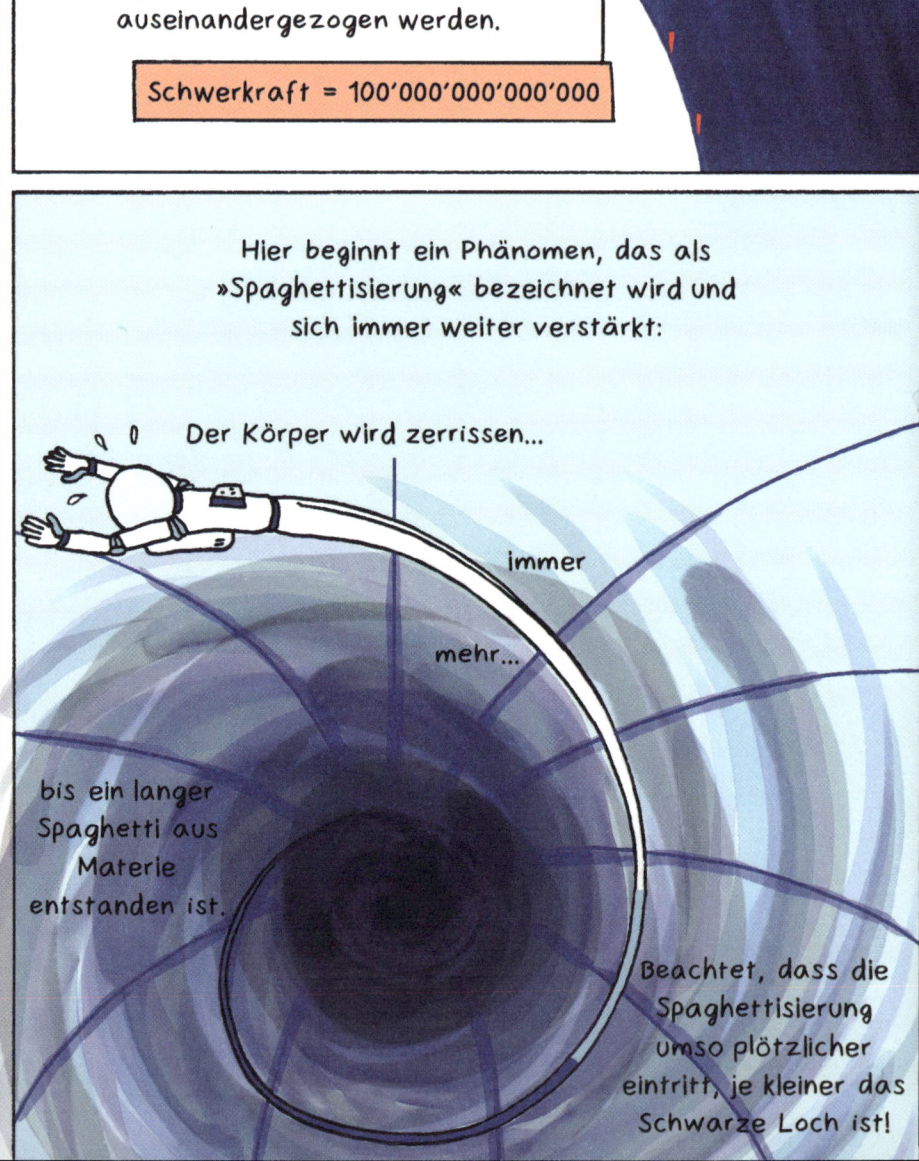

Hier beginnt ein Phänomen, das als »Spaghettisierung« bezeichnet wird und sich immer weiter verstärkt:

Der Körper wird zerrissen...

immer

mehr...

bis ein langer Spaghetti aus Materie entstanden ist.

Beachtet, dass die Spaghettisierung umso plötzlicher eintritt, je kleiner das Schwarze Loch ist!

AURORA!

Werden wir eines Tages eingesaugt und zu Spaghetti verarbeitet?

Ojeee, nein!

Zum Glück ist ein Schwarzes Loch keineswegs ein kosmischer Staubsauger!

Die Anziehungskraft eines Schwarzen Lochs ist genau die gleiche wie die eines Sterns mit derselben Masse.

Würde man die Sonne durch ein Schwarzes Loch derselben Masse ersetzen, so bliebe ihre Anziehungskraft vollkommen identisch.

Die Planeten des Sonnensystems würden also die gleiche Umlaufbahn beibehalten wie heute. Die Temperatur allerdings würde drastisch sinken ...

Hinzu kommt, dass angesichts der bereits maximalen Dichte eines Schwarzen Lochs seine Größe langsam zunimmt, wenn es andere Himmelskörper absorbiert. Es hat keine physikalischen Grenzen und kann daher theoretisch unbegrenzt wachsen ... bis es uns verschlingt!

MJAAM.

MAMPF! MAMPF!

RÜLPS!

Das größte, je beobachtete Schwarze Loch, TON 618, wiegt so viel wie 66 Milliarden Sonnen und ist in der Lage, ganze Galaxien zu verschlingen!

Im Gegensatz dazu würde nach Hawkings Strahlungstheorie (die bisher nicht überprüft werden konnte) die Materie der Schwarzen Löcher allmählich verdunsten. In Zukunft könnte dies sogar zu ihrem Verschwinden führen.

PUUHHH ...

Ganz schön heiß, oder?

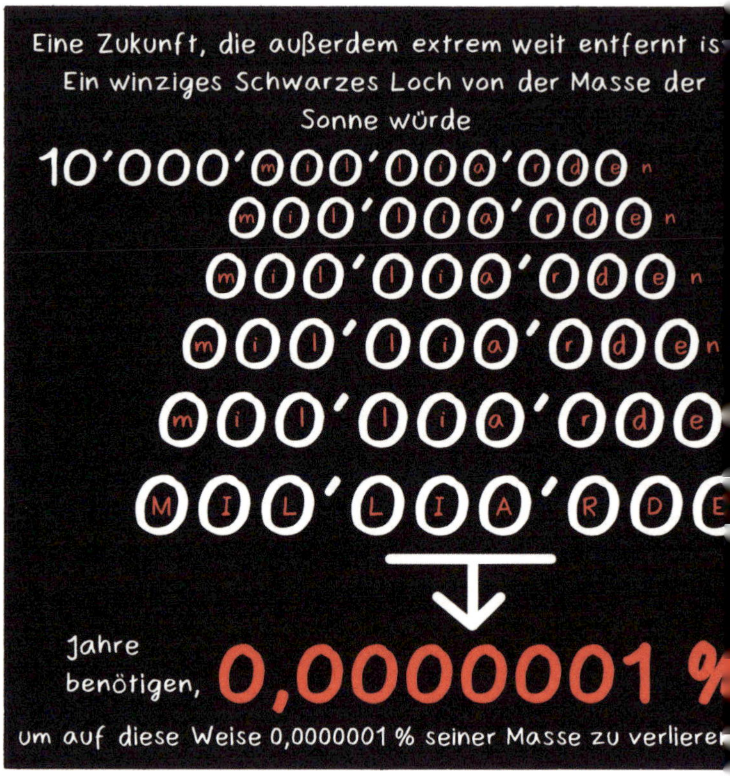

Eine Zukunft, die außerdem extrem weit entfernt is[t] Ein winziges Schwarzes Loch von der Masse der Sonne würde

10'000'000'000'000
000'000'000
000'000'000
000'000'000
000'000'000
000'000'000

Milliarden

Jahre benötigen, **0,0000001 %**

um auf diese Weise 0,0000001 % seiner Masse zu verlieren

Nun, da wir die schwindelerregenden Eigenschaften eines Schwarzen Lochs kennen, können wir uns fragen:

Welches astronomische Phänomen könnte zur Entstehung einer solchen Kuriosität führen?

Dies wird möglich, wenn ein genannter so »massereicher« Stern mit mindestens 20 Sonnenmassen stirbt!

Ein Stern ist ein riesiges Kernkraftwerk, in dem sich zwei entgegengesetzte Kräfte in einem permanenten Armdrücken befinden:

die SCHWERKRAFT, die dazu führt, dass der Stern in sich zusammenfällt, und

die KERNREAKTIONEN im Stern*, die dazu führen, dass er sich aufbläht.

Das Volumen des Sterns wird durch den Gleichgewichtspunkt zwischen diesen beiden Kräften bestimmt. Sogar seine Existenz hängt davon ab.

*insbesondere die Verschmelzung von Wasserstoffatomen zu Heliumatomen

Wenn Wasserstoff, der Hauptbrennstoff des Sterns, versiegt, beginnt er, die Heliumatome zu verbrennen, wodurch er sich aufbläht.

WASSERSTOFF

WASSERSTOFF + HELIUM

Während dieses Prozesses wird der Stern um das Hundertfache vergrößert und der größte Teil seiner Masse ausgestoßen.

Es kommt endlich ein Zeitpunkt, an dem der gesamte Brennstoff des Sterns verbrannt ist. Die Schwerkraft ist dann die einzige Kraft und gewinnt wieder die Oberhand.

Die Masse des Riesensterns implodiert, er stürzt in sich selbst zusammen mit einer Geschwindigkeit, die einem Viertel der Lichtgeschwindigkeit entspricht ...

Die gesamte verbleibende Materie wurde also gewaltsam auf einen zentralen Punkt komprimiert. Wenn sich herausstellt, dass der daraus resultierende Himmelskörper kleiner ist als der Schwarzschild-Radius des ursprünglichen Sterns, ist der Punkt erreicht, an dem es kein Zurück mehr gibt. Der Boden der Raumzeit wird durchbrochen, und zwar für immer!

Sorry Leute!

Ein Schwarzes Loch wird durch sein zentrales »Loch«, seine **»SINGULARITÄT«** definiert. Seine extreme Dichte macht es völlig unsichtbar.

Ereignishorizont

Hinter dem Begriff »Singularität« verbirgt sich ein bislang ungelöstes Rätsel ...

Handelt es sich um ein Objekt von unendlicher Dichte, in dem alles verschwindet?

Es könnte auch alles anders sein ...

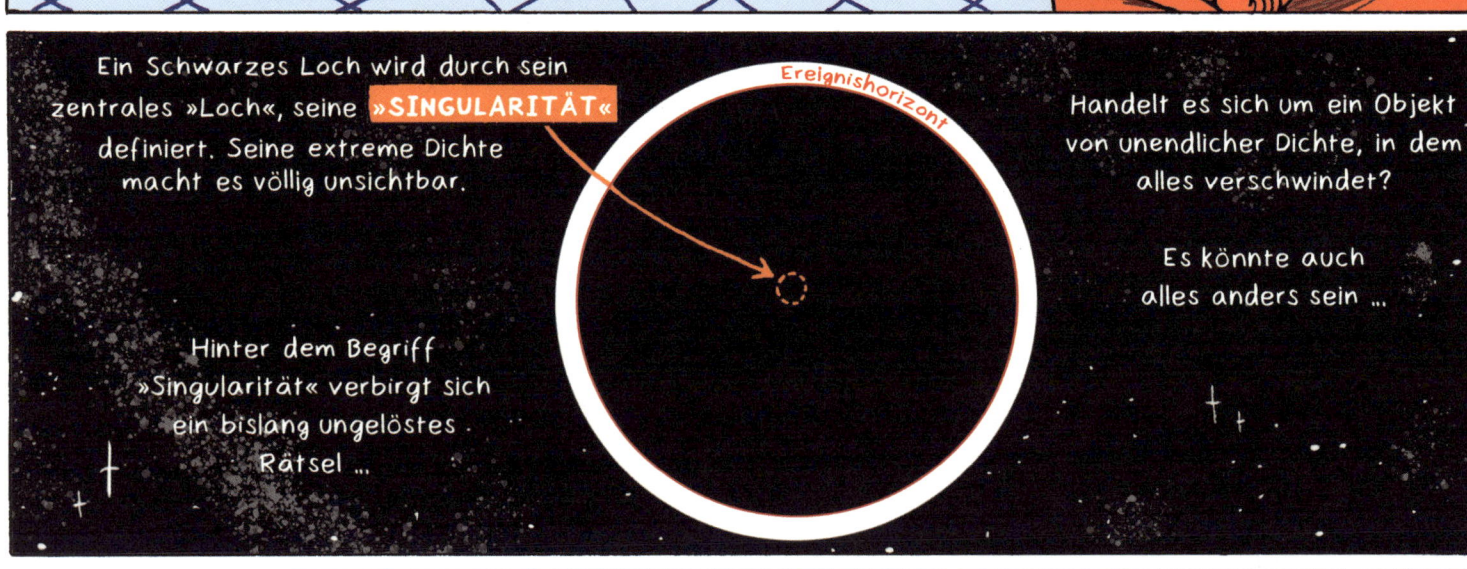

In jedem Fall sprechen wir hier von einem echten Riss in der Raumzeit, nicht von einer einfachen Verformung. Das macht Schwarze Löcher so besonders!

UNENDLICHKEIT

BONK! BONK!

Kein Stern, egal wie groß seine Masse ist, kann jemals ein Loch in die Raumzeit reißen: Ein Schwarzes Loch tut dies **per Definition.**

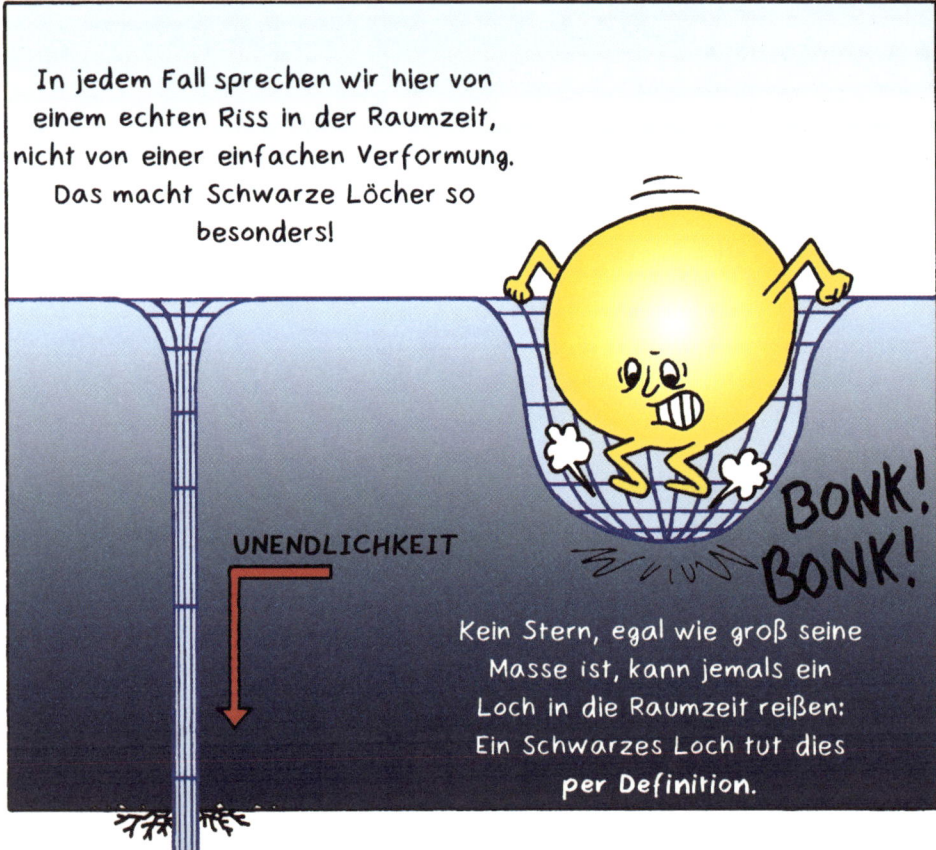

Diese Besonderheit hat Hypothesen über die Existenz von »Wurmlöchern« hervorgebracht, die intergalaktische Reisen möglich machen würden ...

Aber das ist eine andere Geschichte!

DEATHSTARMAG
DAS Magazin für Sternleichen seit 13,7 Milliarden Jahren
EXKLUSIV!
WELCHE ART VON ZOMBIE WIRD DEIN STERN WERDEN?!
TYP 1
Mehr als 20 Sonnenmassen
Nach seinem Tod als Einziger in der Lage, zu einem SCHWARZEN LOCH zu werden.
Garantierter Hype, 100 % zeitlos! 1
1 Nicht verlängerbare 5-Jahres-Garantie
Garan-tierter WOW-EFFEKT
TYP 2
Zwischen 10 und 20 Sonnenmassen
Implodiert auch als SUPERNOVA
NEU IM FERNSEHEN!
Kann sich in einen NEUTRONENSTERN verwandeln!
1000 zu 1: 1cm³ = 1 Milliarde Tonnen!
ANGEBOT!
Nur 10 bis 30 km Durchmesser!
TYP 3
Weniger als 10 Sonnenmassen
verwandelt sich in einen WEISSEN ZWERG
völlig inaktiv
100 x kleiner als sein ursprünglicher Stern!
40 x heißer als die Sonne!
Das ist das Schicksal unserer Sonne und 97 % aller Sterne!2
2 bedingte Rückerstattung
ERPASSEN SIE KEINE NEWS ÜBER STERBENDE STERNE: JETZT ABONNIEREN!

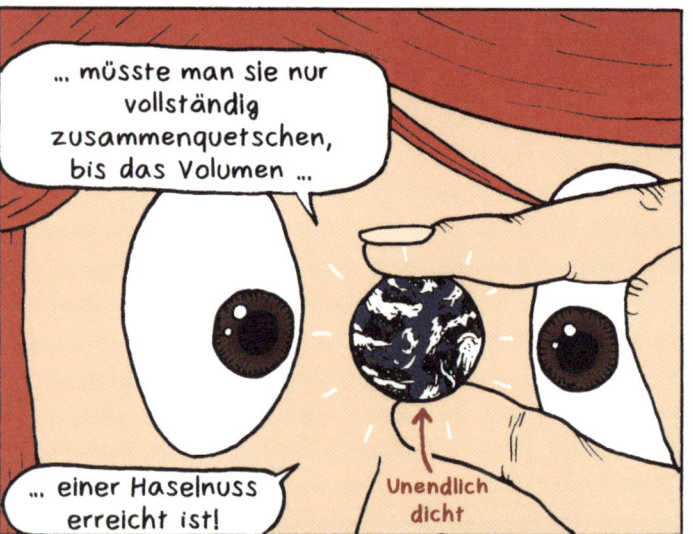

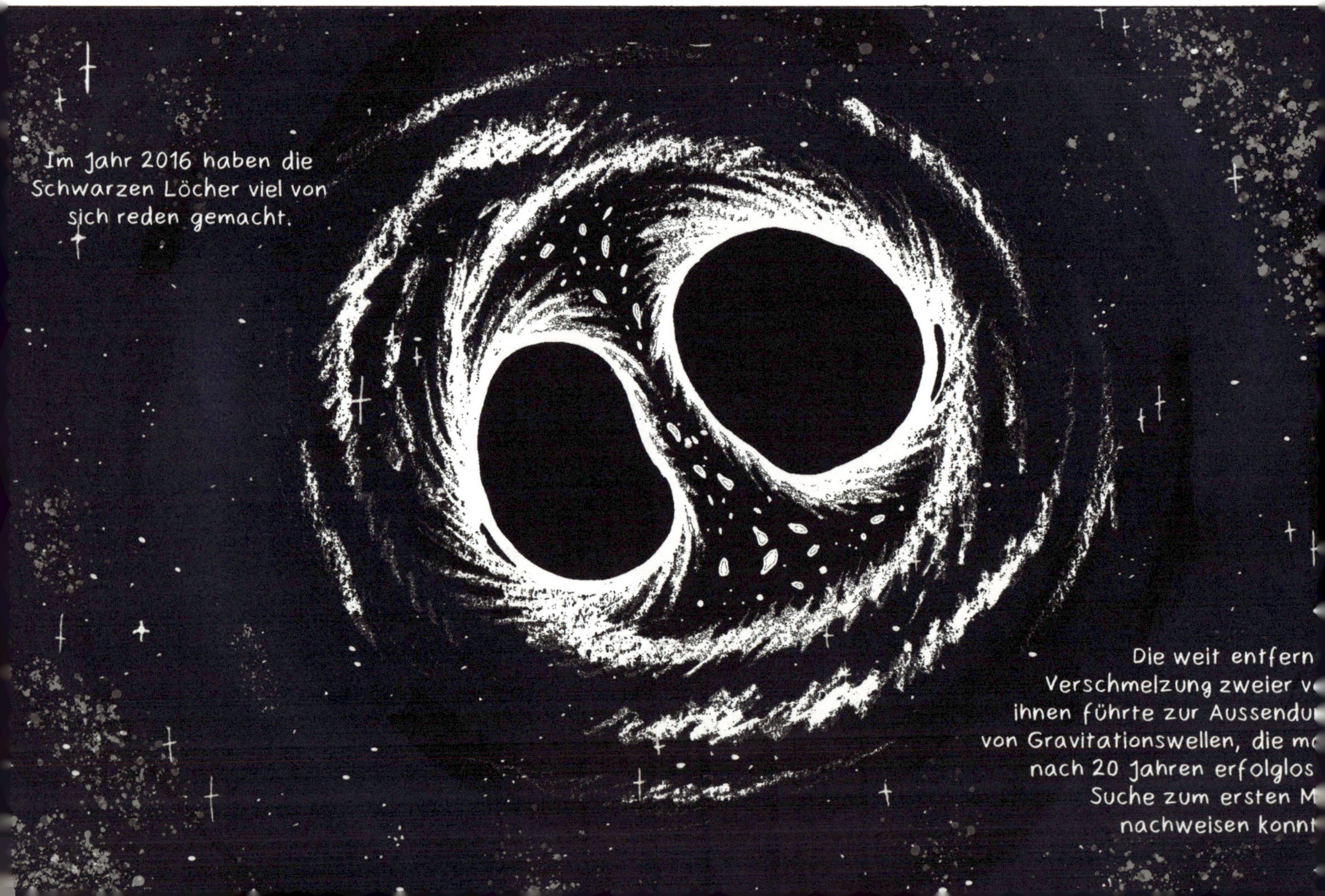

Im Jahr 2016 haben die Schwarzen Löcher viel von sich reden gemacht.

Die weit entfern...
Verschmelzung zweier v...
ihnen führte zur Aussendu...
von Gravitationswellen, die m...
nach 20 Jahren erfolglos...
Suche zum ersten M...
nachweisen konnt...

Och nöööö, schon vorbei?

Ja, ich muss zurück ins Labor, um alle Rätsel des Kosmos vor Band 2 zu lösen!

Sehr witzig ...

Hey, aber mal im Ernst?!

Wenn wir das alles wissen, was du hier erklärt hast, woran arbeitest du dann?

Es stimmt, dass wir Kosmologen heute nicht nur an diesen Themen arbeiten.

Wenn man einen ganzen Comic daraus machen kann, dann deshalb, weil man sie schon relativ gut kennt.

Neben den Gravitationswellen ist ein harter Brocken, der uns derzeit beschäftigt, die **DUNKLE MATERIE**.

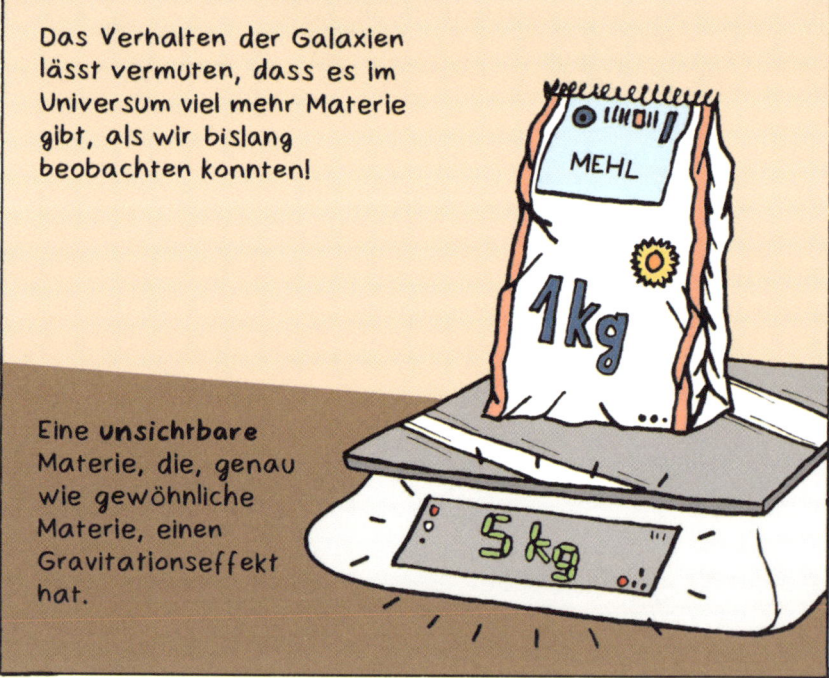

Das Verhalten der Galaxien lässt vermuten, dass es im Universum viel mehr Materie gibt, als wir bislang beobachten konnten!

Eine **unsichtbare** Materie, die, genau wie gewöhnliche Materie, einen Gravitationseffekt hat.

Das wäre ein echter Balanceakt.

Einsteins Theorie erklärt perfekt eine Vielzahl realer und beobachteter Phänomene ...

... sie zu ändern ist also nicht so einfach.

Und noch etwas: Die innere Funktionsweise der Sternenleichen ist immer noch kaum ergründet.

Weiße Zwerge ...

Neutronensterne ...

... ganz zu schweigen von den Schwarzen Löchern, von denen die gigantischsten einfach nicht aus ehemaligen Sternen entstanden sein können.

Aber wie sind sie dann entstanden?

Glossar

Allgemeine Relativitätstheorie

Die Allgemeine Relativitätstheorie beschreibt, wie Massen und Energie die Raumzeit sowie die Bewegung anderer Massen in einer verzerrten Raumzeit verformen. Es handelt sich gewissermaßen um eine »Aktualisierung« der Newtonschen Mechanik, die es schafft, die Phänomene genau zu beschreiben, die durch die Newtonsche Mechanik schwer zu erklären sind. Dies ist bis heute die beste Theorie, um beispielsweise die Bewegung astronomischer Körper, Schwarzer Löcher oder Gravitationswellen zu beschreiben.

Astrophysik

Die Astrophysik ist die Wissenschaft, die astronomische Objekte als solche untersucht: die Planetensysteme (Sterne und Planeten) oder Galaxien zum Beispiel.

CMB

Der Cosmic Microwave Background oder der »kosmische Mikrowellenhintergrund« ist eine Gruppe von Photonen, die während des Urknalls entstanden sind. 380 000 Jahre lang konnten diese Photonen sich nicht frei bewegen, da sie von freien Elektronen gestreut (abgelenkt) wurden. Nachdem sich die Elektronen mit den Protonen verbunden hatten, konnten sie die Photonen nicht mehr streuen und diese konnten sich frei bewegen. Daraufhin bildeten sie den CMB. Der CMB wurde überall und in alle Richtungen ausgestrahlt, sodass er von der Erde aus beobachtet werden kann. Seine Beobachtung (oder vielmehr die Beobachtung der Schwankungen der Photonenenergie um ihre durchschnittliche Energie) liefert uns eine Menge Informationen und ist ein guter Beweis für das Urknall-Modell. *Siehe auch: FRLW, Redshift.*

Einsteins Gleichungen

Einsteins Gleichungen sind DIE grundlegenden Werkzeuge der allgemeinen Relativitätstheorie. Die allgemeine Idee ist folgende: Die Raumzeit ist eine dynamische Entität, die sich verformt (der Fachbegriff ist »Krümmung«). Einsteins Gleichungen zeigen uns, dass die Krümmung auf das Vorhandensein von Materie und Energie zurückzuführen ist. Es gibt nicht eine Lösung für diese Gleichungen, sondern so viele Lösungen, wie man sich »Situationen« vorstellen kann. Eigentlich sollten wir, wenn wir wissen, welche Materie und Energie in einer bestimmten Situation vorhanden sind, in der Lage sein, die Krümmung überall in dieser Situation zu bestimmen. »Sollten«, denn diese Gleichungen (insgesamt 10) sind SEHR schwer zu lösen, und sehr oft muss man sich mit Annäherungen zufriedengeben.

Elektromagnetische Wellen

Die elektromagnetischen Wellen sind besondere Wellen, die sich mit Lichtgeschwindigkeit ausbreiten. Je nach Wellenenergie werden verschiedene Kategorien unterschieden: Gammastrahlen, Röntgenstrahlen, UV-Strahlen, Sichtbares Licht, IR-Strahlen, Mikrowellen und Radiowellen, von sehr energetisch bis wenig energetisch. Jede Welle hat eine Wellenlänge, die ungefähr der »Größe« der Welle entspricht. Eine kleine Wellenlänge entspricht einer Energiewelle. Die Quantenmechanik lehrt uns, dass elektromagnetische Wellen tatsächlich auch Teilchen sind, die Photonen. Dies ist der »Welle-Teilchen-Dualismus«: Je nach Kontext kann man sie als Wellen oder als Teilchen sehen. *Siehe auch: Sichtbares Licht, Photonen.*

Elektronen

Die Elektronen sind die fundamentalen Teilchen des Universums. Sie tauchten während des Urknalls auf. Die Protonen und Neutronen bilden die Kerne der Atome und die Elektronen »umkreisen« diese Kerne, um ganze Atome zu bilden.

FLRW

Die FLRW-Lösung (Friedmann-Lemaître-Robertson-Walker-Lösung, auch FLRW-Universum genannt) ist eine exakte Lösung für Einsteins Gleichungen. Physikalisch beschreibt sie ein sich ausdehnendes homogenes Universum (also mit gleichmäßig verteilter Materie und Energie). Es ist das Standardmodell der Kosmologie, auf dem die gesamte Forschung basiert. Das FLRW-Modell prognostiziert die Existenz des CMB, die gut beobachtet werden kann. In einem FLRW-Universum unterliegt das Licht, das reist, zudem einer Rotverschiebung: Eine elektromagnetische Welle, die durch das Universum reist, nimmt an Wellenlänge zu und damit an Energie ab. Das bedeutet, dass das Licht von fernen Sternen, das also länger unterwegs sein musste, tendenziell eine größere Rotverschiebung erfährt, und genau das beobachten wir auch. Diese beiden experimentellen Beobachtungen sind zusammen mit anderen ein starker Beweis dafür, dass das FLRW-Modell richtig ist. *Siehe auch: Urknall.*

Gravitationswellen

Die Gravitationswellen sind »Störungen« der Raumzeit, die typischerweise durch die Verschmelzung zweier Schwarzer Löcher entstehen. Diese Störungen breiten sich mit Lichtgeschwindigkeit im Universum aus und können auf der Erde mit einem Interferometer erkannt werden. Ohne ins Detail zu gehen, sind die Auswirkungen auf die Materie dieser Wellen sehr leichte »Schwingungen«. Es ist eine technische Errungenschaft, sie nachweisen zu können!

Kosmologie

Die Kosmologie ist das Studium des Universums als eines Ganzen: Was sein Ursprung ist, seine Geschichte, woraus es besteht und was seine Zukunft ist, sind Fragen, die Kosmologen beschäftigen.

Krümmung

Die Krümmung ist der Fachbegriff für die mathematische Quantifizierung der »Verformung« der Raumzeit. Nach der allgemeinen Relativitätstheorie ist die Krümmung auf das Vorhandensein von Materie und Energie zurückzuführen. In der allgemeinen Relativitätstheorie ist die Krümmung der Raumzeit das, was Objekte (z. B. Planeten) bewegt. Es gibt also keine »Schwerkraft«, sondern nur durch die Krümmung »abgelenkte« Bahnen. *Siehe auch: Einsteins Gleichungen, Raumzeit.*

Lichtjahr

Ein Lichtjahr ist die Distanz, die das Licht in einem Jahr im Vakuum zurücklegt, also rund 10 000 Milliarden Kilometer. Zum Vergleich: Die Sonne ist 150 Millionen Kilometer von der Erde entfernt, was 8 Lichtminuten entspricht, d. h. das Licht braucht 8 Minuten, um von der Sonne zur Erde zu gelangen.

Newtonsche Mechanik

Die Newtonsche Mechanik ist die Theorie, die die Bewegung von Körpern vor dem Aufkommen der Einstein'schen Theorie beschreibt. Nach dieser Theorie ziehen sich zwei massive Körper mit einer bestimmten Kraft gegenseitig an. Je leichter die Körper sind, desto mehr werden sie durch diese Kraft beschleunigt. Diese Theorie beschreibt perfekt die physikalischen Prozesse im menschlichen Maßstab. Sobald man jedoch Prozesse beschreiben will, die in sehr großem Maßstab ablaufen, oder wenn die Massen sehr groß werden, funktioniert die Theorie nicht mehr so gut und man muss Einsteins allgemeine Relativitätstheorie anwenden.

Photonen

Die Photonen sind »Lichtteilchen«, die die zweite Möglichkeit (zusammen mit Wellen) sind, eine elektromagnetische Welle zu interpretieren. Man spricht vom »Welle-Teilchen-Dualismus«. Wenn wir zum Beispiel im Text die Dehnung eines Photons erwähnen, müsste man technisch gesehen sagen, dass es die Wellenlänge ist, die sich verlängert. *Siehe auch: Sichtbares Licht, Elektromagnetische Wellen.*

Protonen

Die Protonen sind Teilchen, die aus drei Quarks bestehen und daher keine sogenannten »fundamentalen« Teilchen sind. Zusammen mit den Neutronen (die ebenfalls aus drei Quarks bestehen) bilden sie den Kern der Atome, den die Elektronen »umkreisen«.

Quarks

Quarks sind sogenannte fundamentale Teilchen (es ist nicht bekannt, ob sie aus etwas Kleinerem bestehen). Drei Quarks können miteinander kombiniert werden, um Protonen und Neutronen zu bilden.

Raumzeit

Die Raumzeit ist das »Theater« der Physik und des Universums. Vor der allgemeinen Relativitätstheorie wurde angenommen, dass Raum und Zeit zwei verschiedene und »statische« Entitäten waren. Durch Einsteins Theorie weiß man, dass das Gegenteil der Fall ist: Es handelt sich um eine dynamische Entität, die von Masse und Energie beeinflusst wird. *Siehe auch: Krümmung, Einsteins Gleichungen.*

Redshift (Rotverschiebung)

Die Rotverschiebung ist ein physikalischer Prozess, bei dem elektromagnetische Wellen (oder Photonen) »gedehnt« werden, wenn sie durch ein sich ausdehnendes Universum reisen. Wenn die Wellenlänge zunimmt, nimmt die Energie der Welle ab. Das Licht, das von weit herkommt, hat somit seit seiner Abreise viel Energie verloren. *Siehe auch: CMB, FLRW.*

Schwarze Löcher

Schwarze Löcher sind astronomische Objekte, die so dicht sind, dass sie die Raumzeit »durchbrechen«. Jedes Schwarze Loch hat einen Ereignishorizont: Sobald man diesen Horizont einmal überschritten hat, gibt es kein Zurück mehr! Dort findet ein Prozess statt, der Spaghettisierung genannt wird: Die Kraft, die zum Beispiel an unseren Füßen zieht, ist viel größer als die Kraft, die an unserem Kopf zieht. Unser Körper würde also wie eine Spaghetti gedehnt werden! Die simpelsten Schwarzen Löcher sind die Schwarzen Löcher nach Schwarzschild, aber dies ist ein etwas »idealistisches« Modell. Kerrs Schwarze Löcher sind realistischer, da sie eine mögliche Rotation des Schwarzen Lochs berücksichtigen.

Schwarzschild-Radius

Der Schwarzschild-Radius ist ein Radius, der aus der Masse eines astronomischen Objekts berechnet wird. Wenn dieser »theoretische« Radius größer ist als der Radius des Sterns, steht man vor einem Schwarzen Loch: Der Schwarzschild-Radius stellt den Horizont der Ereignisse dar, jenseits dessen es nicht mehr möglich ist, umzukehren.

Sichtbares Licht

Das sichtbare Licht ist eine Unterkategorie der elektromagnetischen Welle, die den Wellen entspricht, die unser Auge sehen kann. Das energiereichste sichtbare Licht ist violett (Wellenlänge ca. 380 nm) und das am wenigsten energiereiche ist rot (Wellenlänge ca. 750 nm). *Siehe auch: Elektromagnetische Wellen.*

Urknall

Der Urknall ist der Anfang des Universums; im FLRW-Modell entspricht er dem Zeitpunkt, als das Universum eine »Null«-Größe hatte. Aber Vorsicht, das ist nur ein Bild: Das Universum war keine »Kugel«, die in etwas explodierte. Der Urknall ist eigentlich der Anfang der Geschichte des Universums. Was vor oder den Bruchteil einer Sekunde (ein Milliardstel eines Milliardstels eines Milliardstels einer Milliardstel-Sekunde) nach dem Urknall geschah, wissen wir noch immer nicht ... *Siehe auch: FLRW.*

Mit Unterstützung der Republik und des Kantons Genf.

Der Verlag HELVETIQ wird vom Bundesamt für Kultur mit einem Strukturbeitrag für die Jahre 2021–2025 unterstützt.

Ab ins Universum!
Eine Reise durch die Astrophysik

Herji & Jérémie Francfort

Konzept, Skript und Illustrationen: Herji
Wissenschaftliche Mitarbeit: Jérémie Francfort
Satz und Layout: Ajša Zdravković
Übersetzung aus dem Französischen: Viktoria Wenker
Lektorat: Gunnar Radons
Korrektorat: Ulrike Ebenritter

ISBN: 978-3-907293-83-6
Erste Auflage: Oktober 2022
Hinterlegung eines Pflichtexemplars in der Schweiz: Oktober 2022
Gedruckt in der Slowakei

© 2022 HELVETIQ (Helvetiq Sàrl)
Mittlere Strasse 4
CH-4056 Basel
Schweiz

helvetiq.com

MIX
Papier aus verantwortungsvollen Quellen
FSC® C008322